木作

顾　问　王文章

编　著　杨　坤
绘　吴清艺
　　　史纪鹏

科学普及出版社
·北京·

图书在版编目 (CIP) 数据

木作 / 杨坤编著;吴清艺,史纪鹏绘 . -- 北京:
科学普及出版社 , 2022.6
(了不起的中国手艺)
ISBN 978-7-110-10440-8

Ⅰ.①木… Ⅱ.①杨… ②吴… ③史… Ⅲ.①木制品
－制作－儿童读物 Ⅳ.① TS656-49

中国版本图书馆 CIP 数据核字 (2022) 第 083844 号

丛书策划:	连淑霞
责任编辑:	薛菲菲
责任校对:	张晓莉
责任印制:	李晓霖
版式设计:	周伶俐
封面设计:	周伶俐　吴清艺

出　　版:	科学普及出版社
发　　行:	中国科学技术出版社有限公司发行部
地　　址:	北京市海淀区中关村南大街 16 号
邮　　编:	100081
发行电话:	010-62173865
网　　址:	http://www.cspbooks.com.cn

开　　本:	787mm×1092mm　1/12
字　　数:	40 千字
印　　张:	3
版　　次:	2022 年 6 月第 1 版
印　　次:	2022 年 6 月第 1 次印刷
印　　刷:	北京顶佳世纪印刷有限公司
书　　号:	ISBN 978-7-110-10440-8/TS・142
定　　价:	58.00 元

（凡购买本社图书,如有缺页、倒页、脱页者,本社发行部负责调换）

目录

木头变形记

　　木头，与人们的生活息息相关，即使是在高速发展的工业时代，木头仍然被广泛使用，给人们带来了很多惊喜。

　　你知道古人建造的房子是什么样子的吗？他们又是怎样发明工具的？你住过森林小木屋吗？

木头家族大迁徙

木头是个大家族，什么檀木、樟木、榆木、柳木……都是重要的家族成员。它们虽然生长在不同的环境中，但都接受着大自然的呵护，风儿为它们传递着讯息。

大树有着共同的梦想：走进人类世界，体验多彩的生活！

"出发喽！"当它们成长为栋梁之材时，纷纷离开森林开始了大迁徙。

故宫的楠木

明朝建造故宫时，需要从南方运输几十米高的楠木。用马车搬运？不现实。人们想到借助河流把大批量的楠木运到北京，不仅省力，而且楠木没有腐烂、变形。

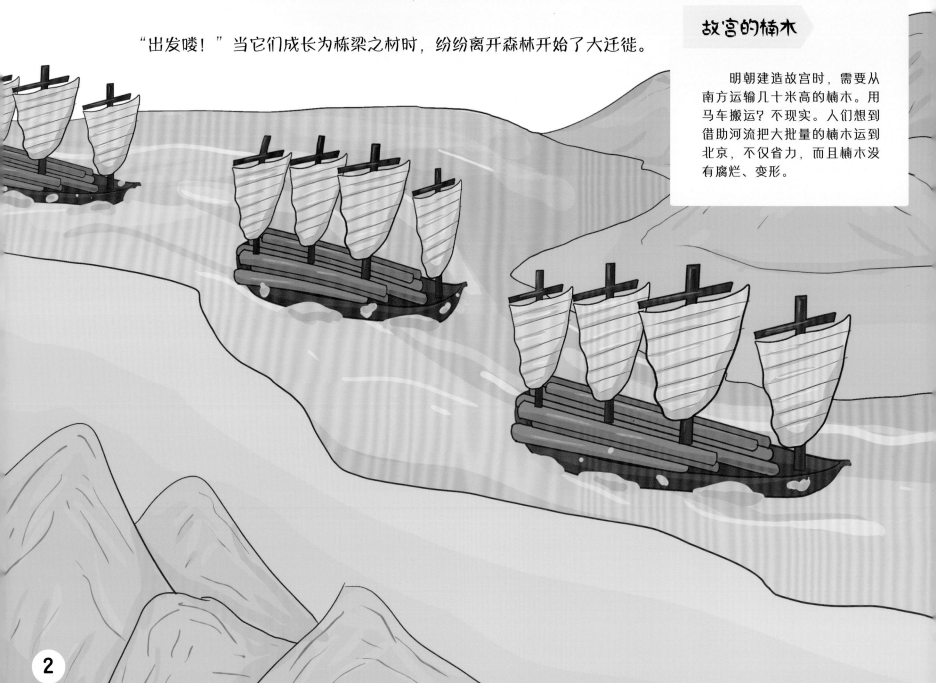

木头，让人类有了**挡风遮雨**的家

当木头和泥土、砂石碰撞在一起，就可以建造房屋啦！甚至有些房子，完全是用木头搭建的。

考古发现，河姆渡人发明了一种"干栏式房屋"，他们用竹木拼接起来，上层住人，下层放杂物、养牲畜，像个简易版的二层小楼，再也不用担心多雨潮湿啦！

树上的房屋

远古时期，人类常常遭受猛兽和洪水的袭击，传说有巢氏学着鸟儿的样子，带领大家在大树上建起了木屋。北京奥运会主场馆鸟巢的建造理念，就是来自有巢氏构木为巢的古老智慧。

你知道古人是怎样耕地的吗?

"哇哦，我可以干农活喽！"一向闷声不吭的木头，当被制作成农具后，成了田地里的快乐宝宝。瞧，这个尖头弯腰的小家伙，正在硬邦邦的田野里犁地呢！

这种农具名叫"耒耜"(lěi sì)，上面有个弯弯的柄，下面安装了一个坚硬的犁头，用脚一踩就能插进土里。有了这样一种农具，春天翻土时就轻松多啦！

耒耜

传说五千多年前，炎帝神农氏突发奇想，发明了耒耜。当时没有什么工具可以利用，人们为了吃饱，只好四处迁徙。有了耒耜这个耕地小助手，人们就可以定居下来翻土耕种了。真没想到，小小的农具，竟然开启了新的农耕文明。

坚硬的木头是怎么变弯的?

并不是每一根木头都能用来制作耒耜的, 在树木丛生的山林里, 有时搜索一上午也会空手而归。选木头时, 既要看整体造型, 还要考虑粗细适中, 而且硬度也得达标, 太软的话一用力就"咔嚓"断了。

仔细观察耒耜的手柄, 你会发现它是一根弯曲的木头。可是, 木头是怎么变弯的呢?

揉木, 木头也能揉?

没错儿, 硬邦邦的木头也能揉。揉木, 传说是神农氏发明耒耜时使用的一种手艺。新砍伐的木头, 用小火慢慢烤, 趁热轻轻掰, 让它弯曲成一个弓形。真是能屈能伸的木头呀!

5

神奇的魔法师

看上去呆头呆脑的木头，大到一座房子，小到一个摆件，都暗藏着匠人的智慧和技巧。

木匠师傅就像神秘的魔法师，锯子、斧子、凿子是他们手中的魔法棒，能把憨憨的木头变得有声有色、活泼起来。一件乐器，让木头唱起了歌；一辆马车，让木头飞奔起来。

就是这些神奇的魔法师，改变了森林中树木的命运，让它们有了无限可能。

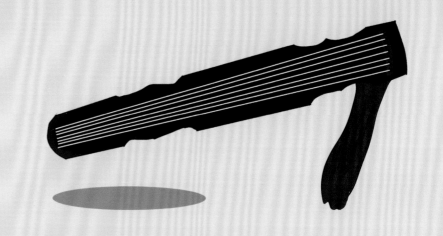

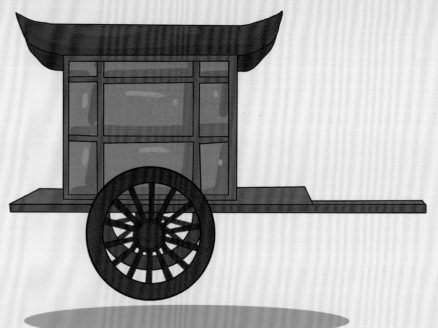

"木匠皇帝" 明熹宗

别看明熹宗朱由校治国理政方面成绩平平，在木工领域绝对是个天才，既会制作迷你宫殿模型，还会设计便携式折叠床。他要是不当皇帝，也许真能成为个好木匠呢！

木匠祖师爷鲁班

鲁班爷爷是木匠圈儿的祖师爷，更是一位发明家。锯子、曲尺、墨斗这些做木工用的工具，都是鲁班爷爷的代表作，就连古代作战时攻城用的云梯，也是他发明的。

鲁班爷爷的这些创意，好多都来自对日常生活的细心观察和思考。据说，有一次他的手被草叶划破了，原来是叶子上锋利的小锯齿干的"坏事儿"；他还看到一只大蝗虫，用锯齿状的牙齿咬碎了叶子。"咦？如果发明一种类似的工具，是不是就可以轻轻松松锯木头了呢？"想到这儿，他恍然大悟，后来经过多次试验，发明了锯子。

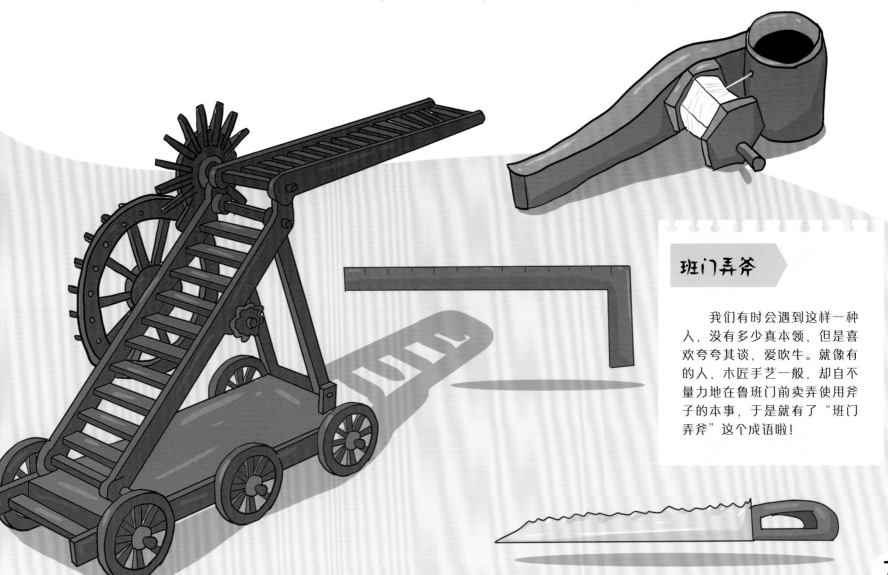

班门弄斧

我们有时会遇到这样一种人，没有多少真本领，但是喜欢夸夸其谈，爱吹牛。就像有的人，木匠手艺一般，却自不量力地在鲁班门前卖弄使用斧子的本事，于是就有了"班门弄斧"这个成语啦！

怎样给木头做美容?

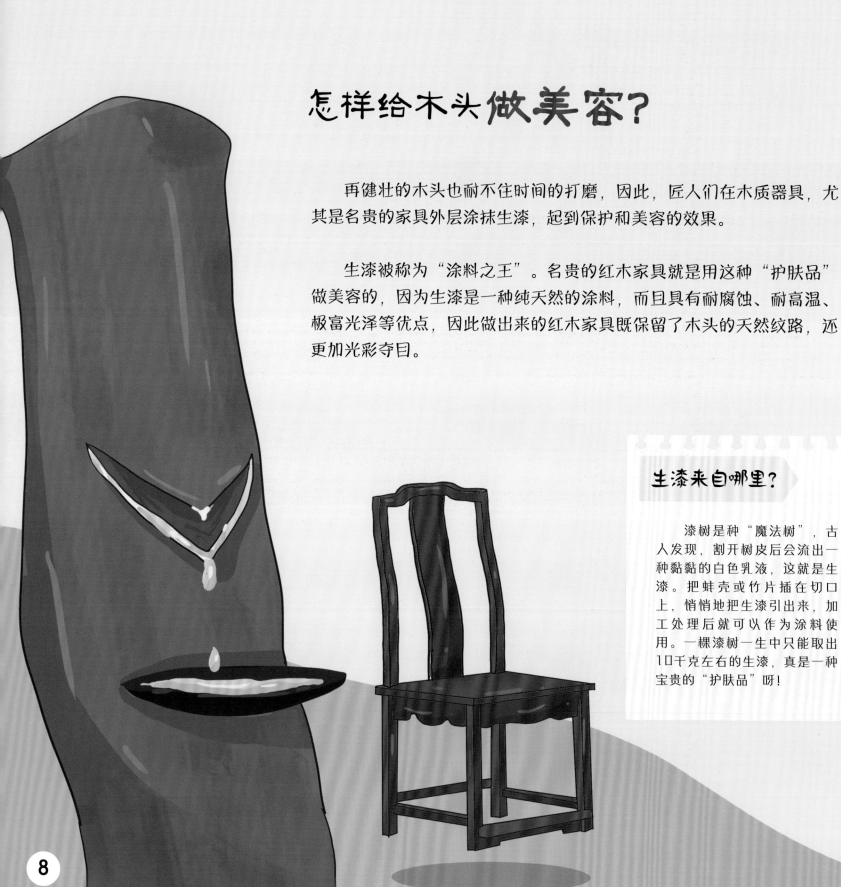

　　再健壮的木头也耐不住时间的打磨，因此，匠人们在木质器具，尤其是名贵的家具外层涂抹生漆，起到保护和美容的效果。

　　生漆被称为"涂料之王"。名贵的红木家具就是用这种"护肤品"做美容的，因为生漆是一种纯天然的涂料，而且具有耐腐蚀、耐高温、极富光泽等优点，因此做出来的红木家具既保留了木头的天然纹路，还更加光彩夺目。

生漆来自哪里?

　　漆树是种"魔法树"，古人发现，割开树皮后会流出一种黏黏的白色乳液，这就是生漆。把蚌壳或竹片插在切口上，悄悄地把生漆引出来，加工处理后就可以作为涂料使用。一棵漆树一生中只能取出10千克左右的生漆，真是一种宝贵的"护肤品"呀!

一棵杉树的龙舟梦

很久以前，当我还是一棵小杉树时，我梦到自已变成了一艘大龙舟，在水面上乘风破浪，可威风啦！从此，我成了一棵有梦想的杉树——长大后一定要真正成为一艘龙舟。终于，在我三十多岁时，梦想成真啦！

你一定感到好奇：杉树怎么摇身一变成了龙舟？快随我踏上这段奇妙之旅吧！

"选美大赛" 中夺冠！

小时候，为了能长成有用之材，我伸着长长的脖子吸收阳光雨露，让自己茁壮成长。等我长到二十多米高时，跟好多大树一起坐上马车，被运到了木材厂。

"选美大赛"开始啦！几位木匠拉着尺子，给我们又是量身高，又是测腰围。他们的条件十分苛刻，好多木材都没能入选呢。

"龙骨就选它了！"木匠师傅看上去很满意，拍着我挺拔的身躯。

做龙舟的仪式感

做龙舟是有仪式感的。开工前，人们有"定彩"的习俗，也就是精心挑选有经验的龙舟师傅和上好的木料。

怎样成为龙舟的 主心骨？

"哇哦，我是龙骨喽！" 我开心极了，小伙伴们也都为我鼓掌呐喊。

龙舟的龙骨，就像龙的脊梁一样重要。所以，能够入选龙骨，绝对是百里挑一！龙舟师傅一般会选用上好的杉木来做龙骨，因为杉木轻，制作成龙舟后划起来速度更快。

并不是所有的杉木都能成为龙骨。看，要像我一样个子高、腰板直，更不能被虫蛀哦。

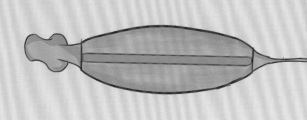

龙骨

龙骨是龙舟的船底，也是龙舟最核心的部分，其他部位都是在它的基础上拼接的。可见龙骨是多么重要啊！

11

龙头龙尾，一个都不能少！

龙头，是我们的带头大哥，也是龙舟最神气的部位，它带领着我们乘风破浪。

人们会用完整的樟木来做龙头，樟木坚硬、不变形。雕刻龙头可是门技术活儿，你看，那圆溜溜的眼睛、锋利的牙齿、飘逸的胡须，都是木匠师傅一刀一刀精雕细刻出来的。

龙尾虽然不像龙头那么有气势，但也是我们"身体"的一部分。龙舟赛上，一个神龙摆尾肯定能赢得一片掌声。

神龙见首不见尾

神龙见首不见尾，比喻人的行踪神秘，不露出真相，刚一露面又不见了；也比喻言辞闪烁，使人难以捉摸。

你知道一艘龙舟要用多少个钉子吗?

"叮叮当当——"锤子有节奏地敲击着钉子,合唱着欢快的歌谣。那你知道整艘船要用多少个钉子吗?说出来你可能吓一跳,要用两千多个呢!

也许你会说:"多用些钉子,不就更牢固吗?"才不是呢!如果用的钉子过多,船就会变重,龙舟比赛时不就拖后腿儿了吗?

什么?少用钉子?那更不行啦!如果钉不牢固,划着划着船进了水就惨喽。

钉子的数量

木匠师傅可厉害了,能恰到好处地计算好钉子的数量,一艘龙舟做下来会用2000~2010个钉子。

给龙舟画一身漂亮衣服吧！

"哇，这身衣服好漂亮呀！"

龙舟师傅把木头家族巧妙地组合在一起之后，还精心给我们"穿"上了一身漂亮衣服。

龙头的妆画得真好看，红通通的脸蛋儿、金灿灿的胡须、黑亮亮的眼睛，就像真的一样；船身上，铺满了红黄相间的龙鳞，在阳光的照射下闪闪发光。

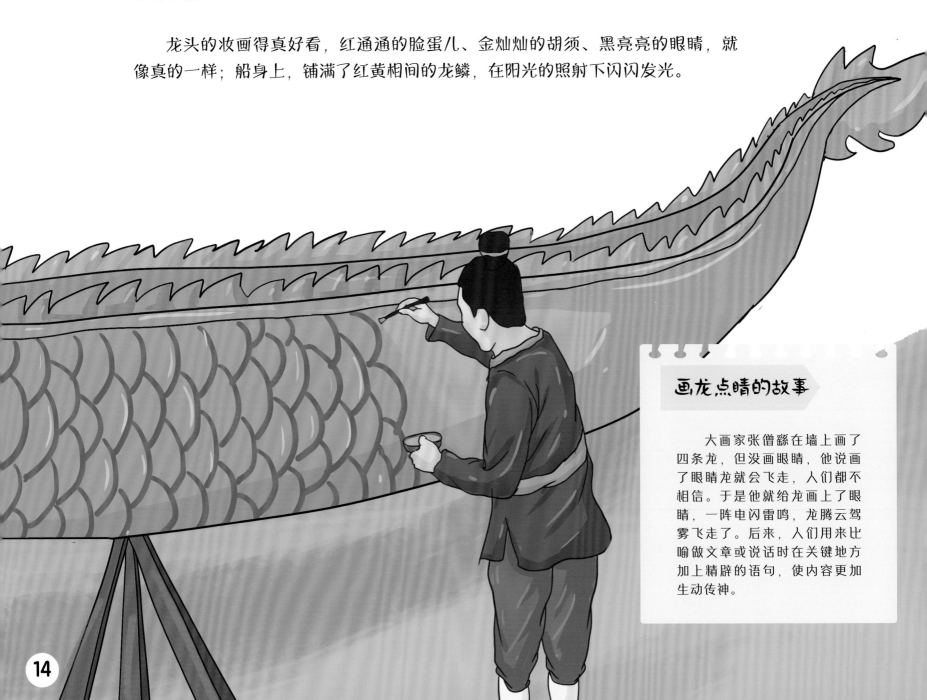

画龙点睛的故事

大画家张僧繇在墙上画了四条龙，但没画眼睛，他说画了眼睛龙就会飞走，人们都不相信。于是他就给龙画上了眼睛，一阵电闪雷鸣，龙腾云驾雾飞走了。后来，人们用来比喻做文章或说话时在关键地方加上精辟的语句，使内容更加生动传神。

敲锣打鼓赛龙舟喽！

　　我天天掰着手指头计算时间，端午节龙舟赛终于开始啦！

　　瞧，一艘艘龙舟就像离弦的箭，"嗖嗖"地在水面上飞驰。船上的划手各有分工，他们使出浑身的力气划船，谁也不想拖后腿儿。"加油！加油……"河岸上的观众呐喊助威，比船上的队员都紧张。

　　锣鼓声、呐喊声、鞭炮声交织在一起，奏响了最热闹的交响乐。我的龙舟梦，终于实现啦！

关于赛龙舟

　　一说起赛龙舟，人们首先想到的就是纪念伟大诗人屈原。而实际上，根据专家考证，早在屈原之前，人们就以赛龙舟的形式举行祭祀活动了。

了不起的手艺人

"谢谢您，木匠师傅！"我大声呼喊着，虽然他们听不懂木头的语言。

我能从一棵树，变成驰骋水面的龙舟，最想感谢的就是这些手艺人啦！他们的刨子"刷刷"地从木板上滑过，刨花欢乐地跳着舞；斧头"叮叮当当"地敲击着，就像拼积木一样，把我们木头家族组合在一起，让我们成了了不起的木头！

龙舟手艺人

现在做龙舟的人越来越少，但仍有一些传统手艺人，通过龙舟，带领人们穿越回几千年前的节日中。

旋转的木碗

　　餐具是人类密不可分的朋友，我们一日三餐都在跟它们打交道。在餐具庞大的家族中，玻璃、瓷制的容器是餐桌上的主角，它们"叮叮当当"地最引人注目啦！相比而言，木碗则沉默寡言，几乎不怎么吭声儿。

　　我们知道，瓷碗可以通过橡皮泥似的泥巴塑形而成。那么，坚硬的木碗是怎么做成的呢？又是怎么做到厚薄均匀、光滑美观的呢？

自带香味儿的饭碗

"沙窝木碗美名扬，家家户户制碗忙。小小木碗大智慧，木旋床上唱歌谣。"树荫遮蔽的院子里，一位老爷爷一边唱着歌谣，一边忙碌着制作木碗。

"吱呀，吱呀——"他所工作的木质车床，有节奏地为老爷爷伴唱。

"真香啊！"仔细闻一闻，你会闻到院子里飘着木材清新的香味儿呢。

沙窝木碗

河北省邯郸市沙窝村，是古老的木旋技艺的发源地之一，因擅长制作木碗，成了大名鼎鼎的木碗之乡。清朝末年，沙窝木碗达到鼎盛时期，外地的商人纷纷驾着马车来进货。

老爷爷的 "宝贝疙瘩"

在老爷爷的小院儿里，整齐地堆放着一截一截的柳树木料，看上去既有粗大的树根，又有长得奇形怪状的树疙瘩。

"这都是我的宝贝疙瘩哟！" 老爷爷做了几十年的木碗，对木头产生了特殊的感情。哪些木头适合做木碗，他一眼就能鉴别出来。

老爷爷用做木碗这种最朴素的方式，表演着他的 "木头艺术"。

做木碗的材料

沙窝木碗通常以柳木为原料。它无毒、无异味，也不容易变形，即使掉在地上，也不用担心摔坏饭碗。

老爷爷还会给木料"整容"？

"咔——咔——"别看老爷爷岁数那么大了，干活时挥起斧头来，仍然轻松自如。

那些从山林里淘来的柳树疙瘩，先要经过老爷爷的精心"整容"，使它们变成一截截干干净净、规规整整的原木后，才能用来制作木碗呢。

"一、二、三、四！"老爷爷把一截原木均匀地劈成了四份，并且修理成椭圆的形状。接下来，就可以放到旋床上"旋"木碗啦！

旋床

旋床是制作木碗的主要工具，由床架、踏板、拉弓等部件构成。匠人坐在旋床上，通过双脚蹬下面的两根木棍，来带动整个车床的运转。

旋床上的 "丁" 形装备有什么妙用？

老爷爷小心翼翼地坐上高大的旋床。

"坐稳喽，老伙计！"这件古老的旋床陪伴他已经几十年了，他们成了心有灵犀的好伙伴，旋床都数不清自己"旋"了多少个木碗。

"准备工作！"老爷爷把木头固定在转轴上，用肚子顶住一个"丁"形的支撑物。你可别小瞧这个看似简单的"丁"形装置，匠人们通过它，可以为刀具提供一个稳定的支点。

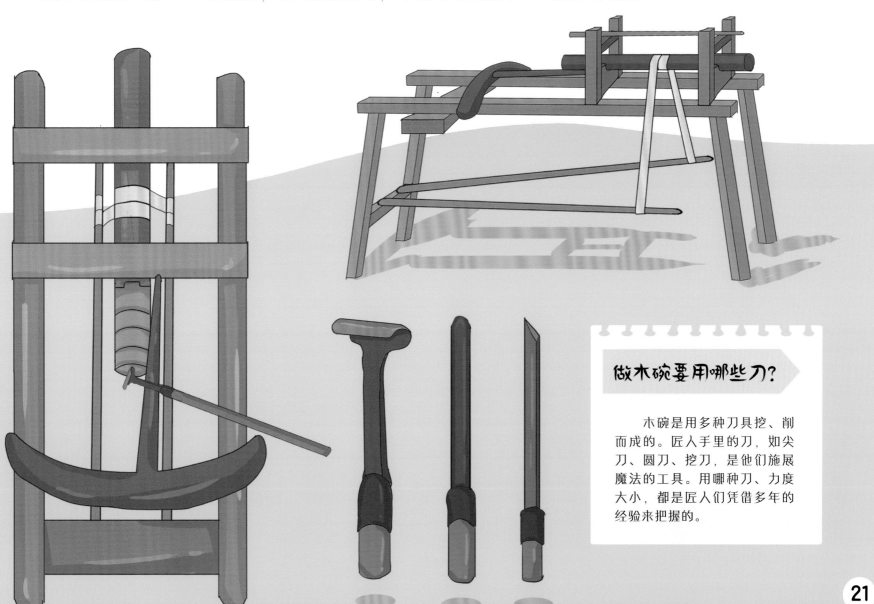

做木碗要用哪些刀？

木碗是用多种刀具挖、削而成的。匠人手里的刀，如尖刀、圆刀、挖刀，是他们施展魔法的工具。用哪种刀、力度大小，都是匠人们凭借多年的经验来把握的。

你听过木碗 旋转 交响乐吗?

"走起!"老爷爷一声令下,双脚蹬动下方的两根踏棍,上面的木料随之被带动着旋转起来。远远看去,旋床上工作的老爷爷,好像在有节奏地蹬自行车呢。

"吱呀,吱呀——"脚下的踏棍唱起了歌。"嗞嗞——"刻刀划过旋转的木料,轻柔地为它伴奏。紧接着,一朵朵"木卷花"在木料上绽放,跳着舞纷纷落了下来。

手脚并用"旋"木碗

沙窝木碗是匠人的四肢相互配合的杰作:双脚一上一下地蹬着,控制旋床下方的两根木棍;双手的任务是控制刀具。就这样手脚一起配合着,演奏了一场完美的"木头艺术"交响乐。

木碗"五胞胎"是怎样诞生的？

老爷爷坐在旋床上聚精会神地工作着，额头上、手背上冒出了豆大的汗珠。他用双手紧紧地控制着刀具，就像司机手里的方向盘，生怕一走神儿就挖坏了木碗。

"一、二、三、四、五！"哇，一块木料上居然做了五个木碗，只是它们还没有分离开。

老爷爷取下最前面的木碗大哥，依次挖空四个木碗弟弟的内部，最后，把尖尖的碗底削成平稳的圆形。瞧，木碗"五胞胎"就这样诞生啦！它们不仅长得一模一样，就连高矮胖瘦也相同。

套旋技术

有经验的匠人一口气能把一截木料旋出五个一模一样的木碗。这种节省木料、节约时间的套旋技术，是沙窝匠人的一门绝活儿！

木旋技艺——旋转的木头

实际上，沙窝木碗是"旋转"出来的，这种方法源自一门古老的民间技艺——木旋。

什么是木旋呢？很简单，就是木头随着工具一起旋转，匠人们利用手里的各种刀具，趁机在旋转的木头上做功课。随着木头不停地转啊转啊，就可以挖出各种想要的造型啦！

除了木碗，还能"旋转"什么？

利用木旋技艺，不仅能制作木碗，还能做好多东西呢，比如擀面杖、算盘珠、笔筒，等等，几乎是想要什么就可以"旋"什么。等你来到沙窝村，试着"旋"一个小陀螺呗！

木头里隐藏的奥秘

假期里，你跟爸爸妈妈来北京旅行时，有没有注意观察故宫、天坛等古代建筑，跟现代建筑有什么不同呢？

没错儿，它们长得不一样。除此之外，中国古建筑还有个特色——大多是用木头搭建的，甚至不用一个钉子呢。

什么？不用钉子还能盖房子？别说抗地震了，大风就能吹倒啊！实际上，它们不仅没被吹倒、震塌，反而还能屹立千年不倒！那么，在中国古建筑里究竟藏着什么秘密呢？

你能找出这些 "积木" 的特点吗？

"嗤嗤嗤——"一位木匠正按照画好的墨线，聚精会神地锯着木头，他额头上挂满了汗珠，不敢有半点误差。

被锯好的木块犹如积木一般，有长方形的、梯形的，还有各种不规则图形。它们就像一群好兄弟，聚在一起玩着游戏。

别看这些木块兄弟长相各异，大致可分为两组：哥哥们叫榫（sǔn），脑袋凸出来了；弟弟们叫卯（mǎo），脑袋凹了进去。

26

榫卯兄弟有什么魔力?

这些木块看上去那么单薄、普通，有什么特殊之处呢?

别看它们不怎么起眼，一旦紧紧抱在一起，就能承受巨大的压力，果真"团结就是力量"!

我们知道，时间久了，两根木头接头的地方就会缩、胀，甚至裂开，这对家具、房屋来说是毁灭性打击。于是，古人就巧妙地应用了这种能够紧紧咬合在一起的结构。

当很多榫卯兄弟牢牢抱在一起时，还有什么压力不能抵挡呢?

古老的智慧

说出来你可能都不会相信，距今七千多年的河姆渡人，就已经把这种神奇的结构应用到他们小木屋的建造中了，难怪人们说，榫卯结构是一种比汉字还要早的民族智慧呢。

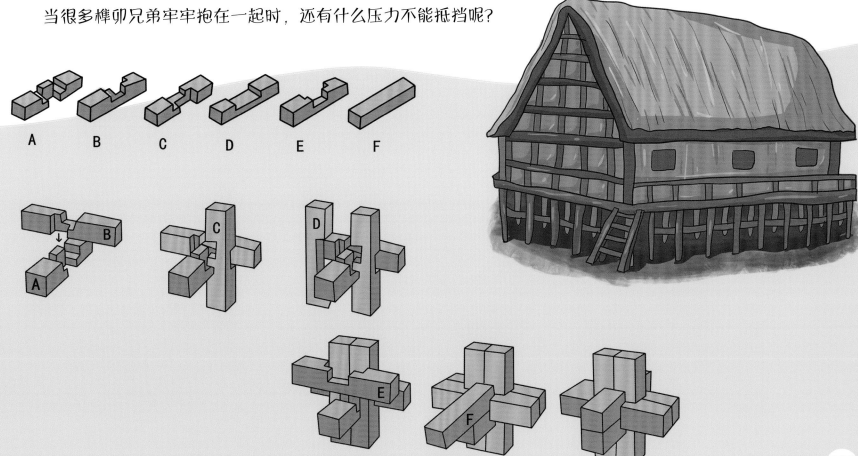

为什么古代建筑或家具不常用钉子?

"我们是无敌大铁钉,哪儿需要往哪儿钉!"只见木头堆里,细长的钉子家族排着队,喊着口号冒了出来。

"兄弟们,闪!"那些准备用来做红木家具的花梨木,一看到钉子就吓跑了,看来它们不怎么喜欢钉子家族。

"别跑呀!我们会把木头钉得更牢固!"钉子们感到十分不解,只好失落地去寻找其他用武之地了……

藏在木头里的奥秘

在中国古建筑和古典家具中,极少看到钉子的身影。这是因为,榫卯兄弟不仅能把木头连接得更牢固,还能巧妙地隐藏在木头中。而钉子容易松动、生锈、老化,既不能持久,也不美观。

为什么故宫的建筑不怕地震？

你去故宫游览时，一定会被故宫里规模庞大的古建筑深深吸引，尤其是那弯弯翘起的大屋檐。你知道吗？这些建筑已经六百多岁了，其间还经历了两百多次破坏性地震。那么，这些古建筑屹立不倒的秘密是什么呢？

玄机主要藏在柱子与屋顶之间的隐秘角落里！瞧，屋顶并不是直接架在柱子上，它们之间藏着一个斗拱层，看上去有点像各种形状的积木，你搭着我、我搭着你，就组成了"减震器"。

斗拱

斗拱是由很多木块层层叠加、延伸而成的，这些木块通过榫卯结构组合在一起。斗拱之间不是刚性连接，而是有松动的空间，当地震来临时，这些斗拱就像汽车的减震器，抵消了地震产生的冲击力。

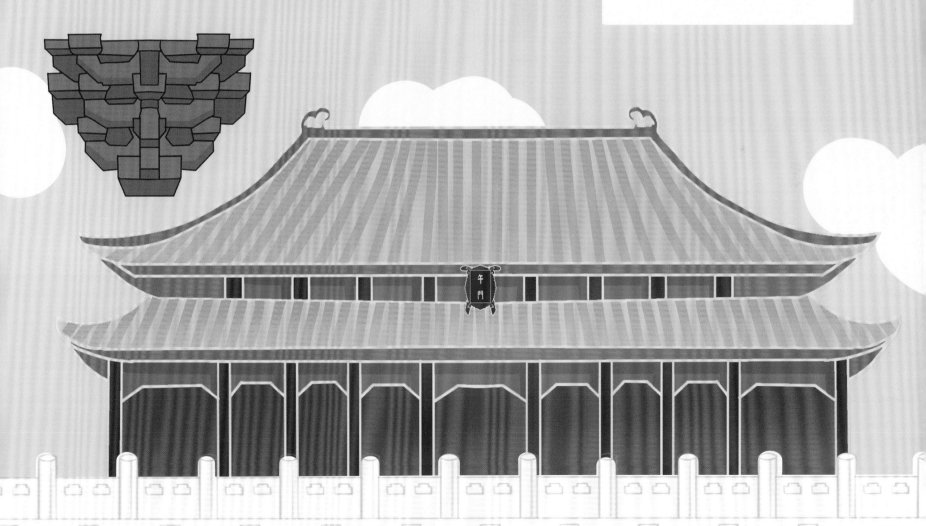

应县木塔千年不倒之谜

眼前这座六十多米高的木塔，是位于山西省朔州市的应县木塔，它建于1056年，距今竟然接近一千年！究竟是什么力量，让这座孤零零的木塔能够千年不倒呢？

难道也是斗拱的功劳？没错！除了木塔本身的结构能够抗震外，就是依靠强大的斗拱啦！

表面上看，每块木头手拉手连接得天衣无缝，而实际上这些斗拱是"活"的，每个部件都可以灵活"运动"，当地震气势汹汹袭来时，这些木块连接处就"活"了起来，它们会齐心协力来抵抗地震。

世界三大奇塔

应县木塔是榫卯结构的集大成之作，是我国古代建筑中的抗震高手，与意大利比萨斜塔、巴黎埃菲尔铁塔并称为"世界三大奇塔"，它身高67.31米，是世界上最高的木塔。

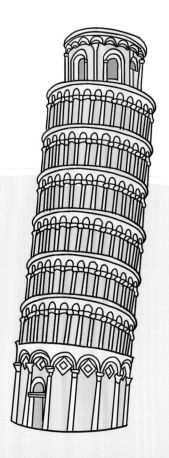

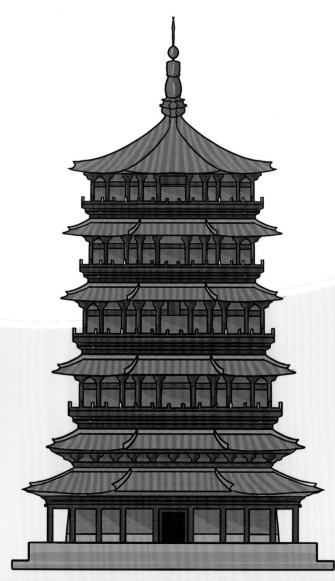

"一根藤"是怎样"长"成的？

"我爬，我爬，我一直爬！"一只小蚂蚁在一扇窗户上急呼呼地爬行着，它自己都数不过来究竟爬了多少圈儿，气喘吁吁地感慨道，"真奇怪，这图案怎么没头没尾呢？"

它要想在这"一根藤"上找到出口，比登天还难！

你看，窗户上的线条首尾相连，就像山里生长着的弯弯曲曲的藤蔓，还缠绕出了花瓶的图案呢。

"一根藤"真的是一根藤吗？

"一根藤"工艺，是浙江省天台县的一项技艺，人们精选柏木、马胡木、红豆杉等名贵木材，加工成各种形状的木条，巧妙借助榫卯结构把木条"串联"起来，就像一根蔓延的藤蔓。所以，"一根藤"并不是真的用一根藤条做成的。

你敢坐不用钉子的木椅吗?

"咚咚咚——"一位木匠师傅用斧头敲击着加工好的木块,他正在制作一把红木椅子。

"榫头是哥哥,卯眼是弟弟,兄弟团结搭椅子。"眼前这些长短不一、形状各异、令人眼花缭乱的木块,丝毫难不倒木匠师傅,只见他像搭积木一样,把零散的木块连接在了一起。

"让我来试试效果吧!"木匠师傅小心翼翼地坐上去,不用一个钉子,还真一点儿都不晃呢。这可真是一把既美观,又稳当的椅子啊!

红木家具的"灵魂"

红木家具是中国的"国粹"之一,代表着雅致、高贵,通常选用红花梨木、紫檀木等名贵木材。红木家具部件连接处,不用钉子和胶水,全靠木块的榫卯结合,就能使用上百年。难怪人们说,榫卯是红木家具的"灵魂"呢!